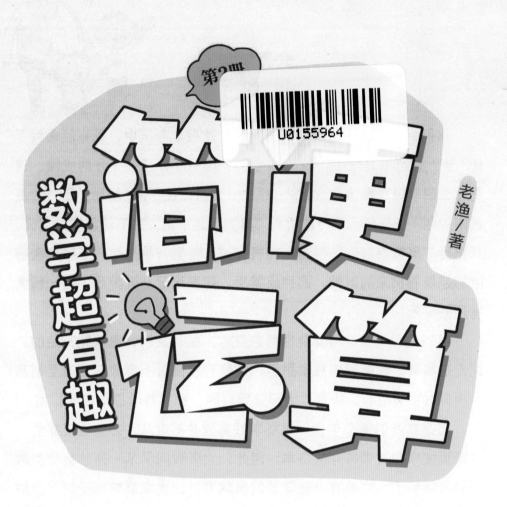

第2册

数学超有趣

简便运算

老渔／著

SPM
南方传媒
新世纪出版社
·广州·

前言

　　你们肯定想不到，在我小学时的一次数学考试中，我竟然拿到了103分！这可不是吹牛，我确实考出了比100分还多3分的成绩。这是怎么回事呢？事情是这样的：那次考试与以往不同，增加了20分"奥数附加题"。当时我第一次听到"奥数"这个词，并不理解它的含义，只记得"奥数附加题"很难，却很有趣，特别有挑战性。当我把全部附加题解答出来的时候，那种成就感，简直比玩一天游戏、吃一顿大餐还要快乐！

　　可以说我对数学和其他理科的兴趣，就是从解答奥数题开始的。越走近奥数，越能训练数学思维，这使我在面对小学数学，乃至初高中理科时更有信心。毕竟，大部分理科题，都有数学思维在起作用。

　　可是在我们那个年代，想要学好奥数并不容易，必须整天捧着一本满页文字和数学符号的课本。因此，大多数同学从一开始就被奥数的表象吓到了。如果有一套简单的奥数书，让大家都能感受到奥数的趣味，从此爱上数学，训练出出色的数学思维，那该多好啊！这套漫画书就是承载着我童年的小小愿望，飞跃了三十多年的时光出现在你们面前的。

　　真是遗憾，当年如果有这套书，估计全校至少一半的同学都能拿到那20分吧！希望小读者们能在我儿时梦想的书籍中，收获奥数的逻辑、数学的思维与求知的快乐！

老渔

2023 年 8 月

目录

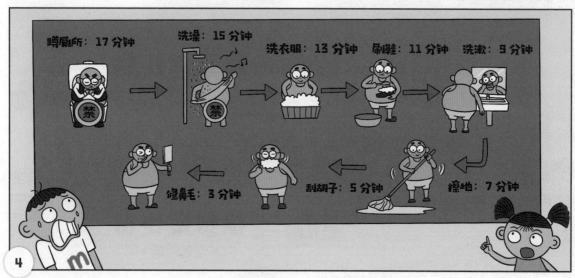

你是怎么知道的？

昨晚爸爸告诉我的，他说十点起床后要占用洗手间一点时间。

蹲厕所＋修鼻毛是 20 分钟，洗澡＋刮胡子也是 20 分钟，洗衣服＋擦地还是 20 分钟，刷鞋＋洗漱又是 20 分钟，一共 80 分钟。这哪里是一点时间啊！

等老爸出来，我都憋不住了……

算得倒挺快，不过我的建议是：你就不要等了。

去一千米外的公共厕所"解决"一下吧。

着急地乱蹦

哐！

滑落

咦？爷爷的喇叭……有了！

嘣—

嘣—

凑整法

凑整法是四则运算中最常用的一种简便算法。 学会凑整法，不仅能节省计算时间，还能降低计算难度，真正做到又快又准。

概念与应用

$$3+5+7+9+11+13+15+17=80$$

（20，20，20，20）

← 搭小桥

凑十法：
个位上的数字加起来能凑成整十，这样的两个加数可以优先计算。

凑整法不仅能应用在加法中，还能应用在减法、乘法和除法中。

$$25 \times 13 \times 4 = 25 \times 4 \times 13 = 100 \times 13 = 1300$$

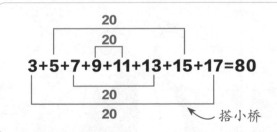

← 带符号搬家

· 裂项相消法 ·

好球!

咔嚓!

这个月您已经坐坏 4 个小板凳了。

还坐坏了一个高压锅……

最近确实该减肥了……

红烧肉好了,帮我端一下!

来啦!

……

9

五天后

这上面记录着你这五天完成的任务量。

你……你还做了记录？

这五天，你第一天完成了总计划的 $\frac{1}{12}$，第二天完成了总计划的 $\frac{1}{20}$，第三天完成了总计划的 $\frac{1}{30}$，第四天完成了总计划的 $\frac{1}{42}$，第五天完成了总计划的 $\frac{1}{56}$。

真是一天不如一天……

麦小乐，你还笑，数学测验一次不如一次！给你一分钟时间，算一下爸爸这五天一共完成了总计划的几分之几！

是！

$\frac{1}{12} + \frac{1}{20} + \frac{1}{30} + \frac{1}{42} + \frac{1}{56}$ 的结果是……只有一分钟时间，一定有简便方法……

← 苦苦思索

这几个分数的分子都是1，分母可以拆分为两个自然数的乘积，而且拆分出的自然数是相邻的，裂项之后加加减减一计算，总数就出来啦！

← 满意

五天才完成 $\frac{5}{24}$！接下来我要亲自监督你！

10

裂项相消法

概念

　　将算式中的每一项进行拆分，使拆分后的项前后抵消，这种拆项计算的方法叫**裂项相消法**。

　　裂项相消法常用在分数算式中，有时也用于整数算式。

算法

$$\frac{1}{12} + \frac{1}{20} + \frac{1}{30} + \frac{1}{42} + \frac{1}{56}$$

◀—— 观察发现，分母可以写成两个数的乘积形式

$$= \frac{1}{3 \times 4} + \frac{1}{4 \times 5} + \frac{1}{5 \times 6} + \frac{1}{6 \times 7} + \frac{1}{7 \times 8}$$

◀—— 分母的因数"首尾相接"

$$= \frac{1}{3} - \frac{1}{4} + \frac{1}{4} - \frac{1}{5} + \frac{1}{5} - \frac{1}{6} + \frac{1}{6} - \frac{1}{7} + \frac{1}{7} - \frac{1}{8}$$

$$= \frac{1}{3} - \frac{1}{8}$$

中间部分可以全部消去

$$= \frac{5}{24}$$

分数变形：
$$\frac{1}{n \times (n+1)} = \frac{1}{n} - \frac{1}{n+1}$$

11

糖果大乌龙

• 提取公因数法 •

麦悠悠生日会

糟糕！我忘了买糖果！

啊？悠悠的朋友们马上就到了。

别担心，我带小乐去超市买。

超市里

我们买这种称重糖果吧，选择多，想买多少买多少。

糖果的价格怎么都不是整数啊，算起来不麻烦吗？

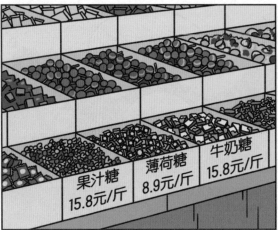

果汁糖
15.8元/斤

薄荷糖
8.9元/斤

牛奶糖
15.8元/斤

电子秤一秒钟就算出来了。

倒也是。

快去称重吧，悠悠该等着急了！

不好意思，电子秤坏了，请稍等一会儿。

紧急修理

不知道还要修多久，我们把这些糖倒回去，换个地方买吧。

不用，看我的！

没有电子秤的时候，我们可以用弹簧秤来称重，用计算器来算钱。

弹簧秤

好吧，您来称，我来算。

果汁糖，3.5 斤；薄荷糖，4.2 斤；牛奶糖，5.4 斤。算好了吗？

15.8 乘 3.5，加 8.9 乘 4.2，再加 15.8 乘 5.4……啊！全是小数点，又按错了！

老爸，别浪费时间了。

随手一扔

换一家买吧。

不用换，我教你一个不用计算器也能很快算出得数的方法。

拉出

在这个算式中，15.8 出现了两次。可以先把 15.8 提出来，再进行计算。

$15.8 \times 3.5 + 8.9 \times 4.2 + 15.8 \times 5.4 = ?$

我来写！

$15.8 \times 3.5 + 8.9 \times 4.2 + 15.8 \times 5.4$
$= 15.8 \times (3.5 + 5.4) + 8.9 \times 4.2$
$= 15.8 \times 8.9 + 8.9 \times 4.2$

原式 $= 15.8 \times (3.5 + 5.4) + 8.9 \times 4.2 = 15.8 \times 8.9 + 8.9 \times 4.2$。咦？又出现了一个公因数！

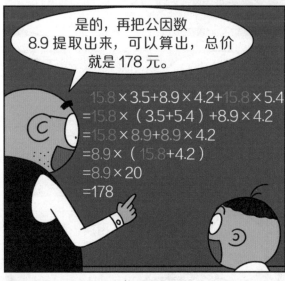

是的，再把公因数 8.9 提取出来，可以算出，总价就是 178 元。

$15.8 \times 3.5 + 8.9 \times 4.2 + 15.8 \times 5.4$
$= 15.8 \times (3.5 + 5.4) + 8.9 \times 4.2$
$= 15.8 \times 8.9 + 8.9 \times 4.2$
$= 8.9 \times (15.8 + 4.2)$
$= 8.9 \times 20$
$= 178$

阿姨，我们算出来这 3 袋糖一共多少钱了，快帮我们打个价签吧！

自己算的价格可不能去结账哟！但好消息是电子秤已经修好了，来重新称一下吧。

看，我们和电子秤算的结果一样。

请付款 178 元。请问是用手机支付吗？

178

手机？！

提取公因数法

	乘法分配律	逆应用	**提取公因数**
概念和公式	两个数的和与一个数相乘，可以把两个加数分别与这个数相乘，再把两个积相加。 $(a+b)×c=a×c+b×c$		多个有相同因数的乘积相加减时，可以将相同的因数（公因数）提出来，进行巧算。 $a×c+b×c=(a+b)×c$

方法

　　有的算式不能一次性提取所有公因数，这时可以先提取部分乘数中的公因数，在接下来的运算过程中，也许会有新的公因数出现。

$15.8×3.5+8.9×4.2+15.8×5.4$　←── 提取部分乘数中的公因数 15.8

$=15.8×（3.5+5.4）+8.9×4.2$

$=15.8×8.9+8.9×4.2$　←── 出现新的公因数 8.9

· 数的整除 ·

爸爸，我们为什么半夜不睡觉，要在这儿喝牛奶啊？

这智多多牛奶明天就过期了，你们帮爸爸解决一下嘛。

晚餐：
红烧肉♥

打哈欠

爸爸，您看！瓶盖里有字，是不是能抽奖啊？

我看看说明……扫描二维码并输入瓶盖内的5位数密码，有机会获得惊喜大奖。今天正好是兑奖的截止日期。

都有什么奖品呢？

最高奖是全套的智多多手办！

晚餐：
红烧肉♥

让我来看看瓶盖里写了什么。密码：5aaa1，一个能被9整除的五位数。

不是吧，还要做题呀！

谁知道能被9整除的数有什么特征？

晚餐：
红烧「

数的整除

概念	如果整数 a 除以大于 0 的整数 b，**商为整数**，且**余数为零**，我们就说 a 能被 b 整除（或说 b 能整除 a）。

	分类	整除特征	举例
整除特征	被 2 整除	个位数字是 0、2、4、6、8 中的一个	486、50
	被 3 或 9 整除	各个数位上的数字之和能被 3 或 9 整除	15、99
	被 4 或 25 整除	末两位数能被 4 或 25 整除	316、425
	被 5 整除	个位数字是 0 或 5	25、3000
	被 8 或 125 整除	末三位数能被 8 或 125 整除	1016、5500

一个汽水罐

• 带余除法 •

你听过《金斧头和银斧头》的故事吗？

你的意思是……

这个破汽水罐是我丢的，我很诚实吧！您把金汽水罐、银汽水罐也都给我吧！

什么金水管、银水管！我刚刚在河里捕鱼，你们乱扔垃圾砸到我了！

对、对不起！

原来是捕鱼的爷爷……

咦，这个罐罐里面还有字呢……再来……一箱。

老爷爷，我保证以后再也不乱扔垃圾了，您把汽水罐还给我们吧！

可以给你们，不过有个条件……

给你们一次机会，猜猜这个鱼篓里一共有多少条鱼。猜中了就还你们汽水罐。

猜不中你们就要帮我把今天上午捕的所有鱼都搬到鱼市上。

好……不过，您能不能给点提示？

给你们一个范围吧，这些鱼分给我们家五口人吃的话，平均每人能分到4条，剩下的就不够分给每一个人了。

5个人……

每人4条……

这个问题其实就是有余数的除法，鱼的数量除以5，商是4，还有余数。由于余数必须小于除数，所以余数最大是4，最小是1。

鱼的数量最大值是5×4+4=24，最小值是5×4+1=21。

所以我们要在21到24里猜一个数……

5 × 4+4=24
5 × 4+1=21

我知道了！是22条鱼！

你怎么知道的？

你看，鱼篓上写着呢！这怎么可能逃得过我麦小乐敏锐的双眼，哈哈哈哈！

果然是！哥哥好聪明。

带余除法

概念

如果 a 是整数，b 是整数（$b \neq 0$），若有 $a \div b = q \cdots\cdots r$，则 $0 \leqslant r < b$。

当 $r = 0$ 时，a 能被 b **整除**；

当 $r \neq 0$ 时，a 不能被 b 整除，r 为 a 除以 b 的**余数**，q 为 a 除以 b 的**商**。

解题步骤

因为鱼的总数 = 分掉的 + 剩下不够分的，所以题目可以简化为：
（　）$\div 5 = 4 \cdots\cdots$（　）。

由于**余数必须小于除数**，所以余数最大是 4，最小是 1。

被除数的最大值：
（　）$\div 5 = 4 \cdots\cdots 4$，
括号中为 24。

被除数的最小值：
（　）$\div 5 = 4 \cdots\cdots 1$，
括号中为 21。

·估值问题·

4 S 店修理间

嚯！您这辆车都跑了283940公里了！

← 震惊

我就说您的这辆老爷车早该换了吧！

这可是你老爸人生中的第一辆车，不换！

啪！

唉，估计是找不出比您这辆老古董还老的车了。

← 掉落的车牌

那辆车才是真正的老古董呢!

天哪,都跑了 415124 公里了!

老爸,这辆车跟您的车比起来,都可以称得上是爷爷辈了!

那你说说这辆古董车的里程数是咱家车的多少倍吧,结果保留两位小数就行。

用 415124 除以 283940……这两个数也太大了，怎么算啊？

今天老爸就给你上一课，叫近似数。

近似数？

因为结果保留 2 位小数，所以我们可以将被除数和除数从前往后保留 3 位，舍去几位，这样算起来就简单多了。

也就是说，我可以把 415124 和 283940 按 415 与 283 进行计算喽？

错！

敲

你忘了四舍五入。

我明白了！283940 从前往后数第四位是 9，需要进 1。原数改写成 284，415÷284 ≈ 1.46，大约是 1.46 倍！

415 ÷ 284 ≈ 1.46

不错不错，一点就通！

估值问题

概念

估算就是对一些量的粗略运算，常采用的方法为取近似数。

准确数	近似数
与实际完全符合的数据	与实际数接近的数据
= 998	≈ 1000

四舍五入法

四舍五入法是求近似数最常用的方法。按要求截取到指定的数位后，按尾数最高位上的数字进行四舍五入。

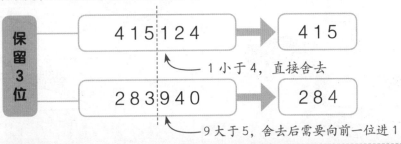

保留3位

415 | 124 → 415

1 小于4，直接舍去

283 | 940 → 284

9 大于5，舍去后需要向前一位进1

37.5℃，悠悠你发烧了！今天不能去幼儿园了。

妈妈，我想吃水果。

没问题。

水果来了！

爸爸，我好无聊啊……

爸爸给你放动画片！

发烧真好，不用去上学，还能有求必应，要是我也发烧就好了……

你也想发烧啊？等你放学回来，我传授给你一份"发烧秘籍"。

晚上，在麦悠悠房间里……

想要得到发烧秘籍，要先经过一次考验。

什么考验都难不住我！

看见那两张积木桌了吗？你帮我把桌面大的那张搬过来！

我记得蓝白桌面的面积是（58×60）平方厘米，红白桌面的面积是（59×59）平方厘米，根本看不出来哪个大嘛。

60厘米

58厘米

59厘米

59厘米

对了，我可以将两个算式变化一下！

蓝白桌面的面积：
$58 × 60=58 ×（59+1）=58 × 59+58$
红白桌面的面积：
$59 × 59=（58+1）× 59=58 × 59+59$

这两个算式的结果中，58×59是相同的，第一个式子加上58，第二个式子加上59，所以第二个式子的结果大，也就是红白桌面的面积大。

9 + 58

9 + 59

积木桌搬过来了，快告诉我吧！

抽屉里有一个铅笔袋，发烧秘籍就在里面。

发shāo秘jí

先跑一身汗，然后吹风 10 分钟。

这是我的好朋友安安传给我的秘籍，我大公无私，告诉你了！

好，我这就去试试！

第二天

36.7℃，没有发烧啊。

麦悠悠！你的破发烧秘籍，一点都不管用！

发烧秘籍？

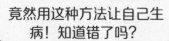

竟然用这种方法让自己生病! 知道错了吗?

我错了，再也不敢了……

可是悠悠也用发烧秘籍了呀!

我没有用啊，我昨天是因为扁桃体发炎，才发烧的。

什么?!

算式比大小

比较 58×60 和 59×59 的得数大小

↓

这两个算式中的数比较接近，比较乘积大小可以不用算出准确结果，只需要将算式变化一下。

↓

解题思路

$58×60=$ | $58×（59+1）$ | $=58×59+$ | 58
$59×59=$ | $（58+1）×59$ | $=58×59+$ | 59

$(58<59)$

依据乘法分配律将原式变形 | 相同部分不做比较 | 只比较不同的部分

所以，$58×60 < 59×59$。

哇，太棒了!

妈妈万岁!

妈妈三天后就出差回来了，还给你们带了许多礼物!

拿出

看，妈妈还寄来了她最近的照片。

这是……妈妈吗?

妈妈又不是去非洲出差，怎么晒成这样……

看! 这是什么?

这些盒子里肯定是礼物!

有巧克力、小飞机、甜甜圈，还有魔法棒……好多好多呀!

妈妈给我发信息了，说她为小乐和悠悠挑选了 19 个礼物，基于两人最近一学期的表现，悠悠比小乐多分到 5 个礼物。

什么？

我比哥哥多 5 个礼物！

爸爸，我能分到多少个礼物呀？

一共 19 个礼物，你比哥哥多 5 个，如果去掉多的这 5 个，你们的礼物就一样多了，对不对？

我知道了，去掉 5 个礼物后我和哥哥一样多，每人有（19-5）÷2=7（个）礼物。

哥哥的礼物是 7 个，我的礼物实际上应该是 7+5=12（个）！

（19-5）÷2=7　7+5=12

或者再给我加上 5 个礼物，我们的礼物也会一样多，每人有（19+5）÷2=12（个）礼物。

悠悠的礼物是 12 个，我的礼物应该是 12-5=7（个）。

（19+5）÷2=12　12-5=7

为什么我只有 7 个礼物？太不公平了！

没关系，我可以分你几个，不过……这几天你要听我指挥。

按了手印，我们都不许反悔。

一言为定！

麦小乐听麦悠悠纸灰可以换到礼物。

画鸭

悠悠的错别字：纸灰→指挥，画鸭→画押

给麦悠悠吃甜筒尖，获得一个礼物。

给你……

给麦悠悠赶蚊子，获得一个礼物。

风再大点儿。

配合麦悠悠玩游戏，获得一个礼物。

悠悠魔法，变，变，变！变成黑煤球！

三天后

妈妈马上就到家了！

辛苦了三天，终于能多分到几个礼物了！

和差问题

概念

　　已知两个数的**和**与这两个数的**差**，求两个数分别是多少，这样的问题叫**和差问题**。

公式：**大数 =（和 + 差）÷ 2**　　**小数 =（和 - 差）÷ 2**

方法

方法 1	方法 2
将两个数的和加上一个差，得到的数是大数的 2 倍。可以用（和 + 差）÷ 2 求大数。	将两个数的和减去一个差，得到的数是小数的 2 倍。可以用（和 - 差）÷ 2 求小数。
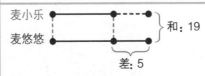	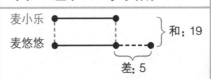
麦悠悠：（19+5）÷2=12（个）	麦小乐：（19-5）÷2=7（个）

• 和倍问题 •

爸爸，幼儿园要组织跳绳比赛，我想练习一下，您帮我计数吧。

没问题！

跳绳？我也去！

楼下小广场

你怎么把我小时候的短绳拿出来了？

糟糕，拿错了……没事，用短绳也能比过你！

爸爸，您一个人能同时给我们俩计数吗？

嘿嘿，不用我数。这是爸爸一个朋友送我的试验品——"计数机器人"，你们对着它跳，到时间后它就会报数。

那就一决胜负吧！

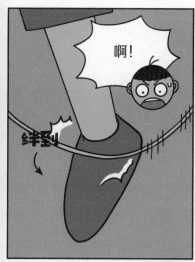

啊!

绊到

不断被绊到

1分钟时间到。

01:00

爸爸,老师说1分钟要跳130个才有希望获奖,快问问机器人,我跳了多少个。

我来看看。

悠悠和小乐一共跳了200个,悠悠跳绳数量是小乐的2倍还多20个。

咔

0200

这机器人是不是程序混乱了,在说什么?

白跳得那么起劲,根本不知道我跳了多少个。

摇晃

没关系，老爸能算出来你们分别跳了几个。

如果将悠悠的跳绳数量减去20个，那么悠悠跳的数量就正好是小乐的2倍。此时，你们俩的跳绳数总和变为200-20=180（个）。知道两个数的和以及它们的倍数关系，就是一个和倍问题。

你们来看这张线段图，将小乐的跳绳数设成"1份"，悠悠的跳绳数减去20后是"2份"，加起来一共是"3份"。"3份"对应的个数是180个，那么"1份"对应的量是180÷3=60（个）。

麦小乐 ●——————● 1份

麦悠悠 ●———●———●～20 2份

和：200

（200-20）÷（1+2）=60

我才跳了60个啊。

我跳的数量要用60乘2，是120个。呜，没希望了。

不对哟，你忘了把减掉的那20个加上了。

120加20是140个！哇，我只要正常发挥，肯定能在跳绳比赛上拿奖！

60×2+20=140

和倍问题

概念

　　已知两个数的**和**与两个数的**倍数**关系，求这两个数分别是多少，就是**和倍问题**。

公式：**1份 = 和 ÷（倍数 +1）**　　　　**几份 =1份 × 倍数**

方法

　　本题没有直接给出倍数关系，需要先将非整倍数的部分去掉，转化成整倍数问题。

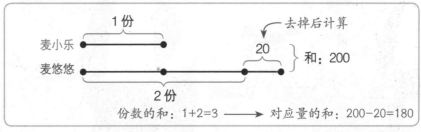

麦小乐：（200-20）÷（1+2）=60（个）　　麦悠悠：60×2+20=140（个）

• 差倍问题 •

城市环保靠大家，美丽和谐你我他!

捡狗屎比赛

第1届捡狗屎比赛现在开始报名，参赛人年龄不限，捡屎方式不限。联系方式：xxxxx

我最擅长捡狗屎了，悠悠，咱们报名吧。

又脏又臭的，我悠悠小仙女才不会做这种事!

可大奖是老爸不同意给咱买的VR游戏体验券。

一等奖：VR游戏体验券

那我参加!

这变得也太快了……

这是我找朋友借的捡狗屎机器人，只要给它传输足够多的狗屎图片，它就能识别出狗屎并捡起来。

哇，好酷!

用它比赛，我们赢定了!

我已经传输了一些狗屎图片，但是还不够。所以你们现在需要再去拍一些狗屎照片回来。

拍……狗屎?

狗屎袋

筋疲力尽

我只要再拍7张，就跟悠悠拍的一样多。

我再拍12张，就是哥哥拍的2倍。

到底拍了多少张呀？

老爸，您自己算吧。

我们要累死了，数不动了。

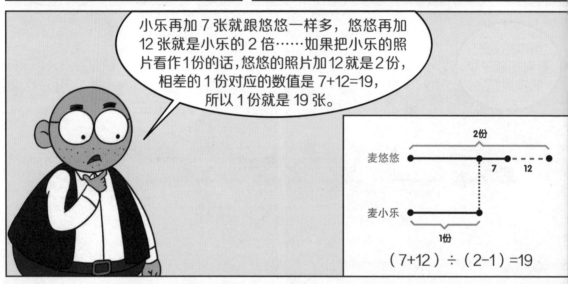

小乐再加7张就跟悠悠一样多，悠悠再加12张就是小乐的2倍……如果把小乐的照片看作1份的话，悠悠的照片加12就是2份，相差的1份对应的数值是7+12=19，所以1份就是19张。

2份

麦悠悠 ●————————————●···········●
　　　　　　　　　　　　7　　12

麦小乐 ●————————————●

1份

（7+12）÷（2-1）=19

我知道了，小乐拍了19张，悠悠拍了26张！不错不错！

这下够用了吧！

19+7=26

差不多了，接下来把手机连到机器人上，就可以把拍好的照片传输上去了！

差倍问题

概念

已知两个数的**差**与两个数之间的**倍数**关系，求这两个数分别是多少，就是**差倍问题**。

公式：1份 = 差 ÷（倍数 −1）　　几份 = 1份 × 倍数

方法

在本漫画中，设比较少的量，即麦小乐拍照的张数为"1份"。差没有直接给出，需要通过计算获得。

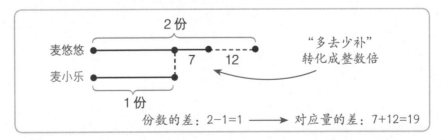

麦小乐：（7+12）÷（2−1）=19（张）　　麦悠悠：19+7=26（张）

图书在版编目（CIP）数据

数学超有趣. 第2册, 简便运算 / 老渔著. — 广州：
新世纪出版社, 2023.11
ISBN 978-7-5583-3969-1

Ⅰ. ①数… Ⅱ. ①老… Ⅲ. ①数学－少儿读物 Ⅳ.
①O1-49

中国国家版本馆CIP数据核字（2023）第180019号